Abel Hernández-Muñoz

RELAÇÕES PLANTA-ANIMAL

Abel Hernández-Muñoz

RELAÇÕES PLANTA-ANIMAL

Interacções das plantas com aves e morcegos

ScienciaScripts

Imprint
Any brand names and product names mentioned in this book are subject to trademark, brand or patent protection and are trademarks or registered trademarks of their respective holders. The use of brand names, product names, common names, trade names, product descriptions etc. even without a particular marking in this work is in no way to be construed to mean that such names may be regarded as unrestricted in respect of trademark and brand protection legislation and could thus be used by anyone.

Cover image: www.ingimage.com

This book is a translation from the original published under ISBN 978-613-9-40539-8.

Publisher:
Sciencia Scripts
is a trademark of
Dodo Books Indian Ocean Ltd. and OmniScriptum S.R.L publishing group

120 High Road, East Finchley, London, N2 9ED, United Kingdom
Str. Armeneasca 28/1, office 1, Chisinau MD-2012, Republic of Moldova, Europe
Printed at: see last page
ISBN: 978-620-7-79056-2

PLANT-ANIMAL

Abel Hernandez Munoz

ÍNDICE

INTRODUÇÃO

Embora alguns grupos humanos tenham mantido o seu desenvolvimento sem alterar negativamente a natureza, fenómenos como a fragmentação dos habitats, a utilização de pesticidas e a introdução de espécies exóticas são ameaças que derivam sobretudo das actividades humanas. Este facto conduziu a uma crise ecológica que, infelizmente, se tornou um dos novos desafios para a biologia da conservação. Foi proposto que a fragmentação do habitat pode modificar as condições microclimáticas, os fluxos de água e de nutrientes e a incidência da luz, o que, por sua vez, pode levar ao aumento da temperatura e à dessecação (Saunders et al. 1991).

Também foi sugerido que a fragmentação afecta diretamente a distribuição (através de movimentos de populações e indivíduos) e a abundância de aves (através da extinção local). Por exemplo, Kattan et al. (1994) documentaram a extinção local de várias espécies de aves numa floresta andina várias décadas após a fragmentação ter ocorrido. No mesmo estudo, os autores avaliaram várias características associadas às aves, como tipo de alimentação, distribuição vertical, tamanho do corpo e da população, grau de especialização e taxas de reprodução e sobrevivência, como possíveis indicadores de suscetibilidade à extinção por fragmentação. Verificaram que as espécies de aves mais susceptíveis de extinção no seu local de estudo eram as que se encontravam no limite da sua distribuição altitudinal, as aves insectívoras do sub-bosque e as aves frugívoras de grandes copas. Os efeitos nem sempre são prejudiciais, uma vez que se verificou que algumas aves respondem positivamente à fragmentação (Kattan et al. 1994). Isso é particularmente esperado no caso de espécies nectarívoras, frugívoras e granívoras que se deslocam em busca de recursos, especialmente aquelas que se deslocam em altitudes elevadas (Loiselle & Blake 1992, Kattan et al. 1994, Ornelas & Arizmendi 1995, Gordon & Ornelas 2000). Em um estudo pioneiro realizado em Manaus sobre como a fragmentação afeta as populações de nectarívoros, Stouffer & Bierregaard (1995) documentaram que os beija-flores podem responder positivamente em termos de abundância à fragmentação. Nas últimas décadas, foram registados vários casos de extinção de polinizadores, especialmente de polinizadores insulares (Cox & Elmqvist 2000), mas há poucas contribuições na literatura sobre a forma como os processos são afectados (Aizen & Feinsinger 1994a, Aizen & Feinsinger 1994b, Cox & Elmqvist 2000, Paton 2000). A extinção local de um dos componentes das interacções planta-aves pode levar à extinção dos parceiros da interação. Teoricamente, as interacções entre plantas e aves podem ser modificadas por processos associados à fragmentação (Rathche & Jules 1993). Por exemplo, observou-se que o parasitismo, o parasitismo de ninhos e o consumo aumentam como resultado da fragmentação, mas em nenhum dos casos essa relação foi demonstrada experimentalmente. Aizen & Feinsinger (1994a, 1994b) observaram que os níveis de polinização e a produção de frutos e sementes diminuem à medida que o tamanho do fragmento diminui, mas a magnitude do efeito é variável entre fragmentos do mesmo tamanho. Isto sugere que a escala desempenha um papel importante na magnitude do efeito da fragmentação sobre as interacções. A este respeito, Gordon & Ornelas (2000) propuseram que há espécies que são criticamente dependentes de um habitat, apesar de aparentemente se comportarem como generalistas na utilização dos recursos desse habitat ("especialistas crípticos de habitat"). Esta distinção é importante, uma vez que os esquemas de definição de

4

prioridades na conservação da biodiversidade global são estabelecidos utilizando as limitações do habitat (por exemplo, espécies endémicas, espécies que se distribuem em ambientes altamente fragmentados ou reduzidos) como indicador da suscetibilidade ecológica. Contudo, as necessidades de conservação podem ser subestimadas nas regiões e ecossistemas que contêm uma elevada proporção de especialistas em habitats crípticos (por exemplo, migrantes altitudinais). Neste livro apresentamos os problemas das aves que estabelecem relações com as plantas. O nosso objetivo é descrever a complexidade das interacções entre plantas e aves e a sua conservação. Em vez de apresentar uma revisão exaustiva da literatura, optámos por delinear os pontos mais salientes do assunto.

POLINIZAÇÃO, DISPERSÃO E CONSUMO DE SEMENTES

Embora sejam conhecidos casos de mutualismos obrigatórios, a maior parte das interacções planta-aves são de tipo generalista, tanto do ponto de vista da planta como do ponto de vista do polinizador ou do dispersor de sementes. A raiz deste facto reside no oportunismo de ambas as partes. Para compreender este facto, considere-se o que se pode designar por natureza evolutiva fundamental de sistemas como a polinização e a dispersão de sementes (Kearns et al. 1998). As plantas e os seus polinizadores e/ou dispersores de sementes são mutualistas, cada um beneficiando da presença do outro. No entanto, o mutualismo resultante nem sempre é necessariamente simétrico ou cooperativo. De facto, pensa-se que estes mutualismos derivam evolutivamente de relações que outrora eram completamente antagónicas (Proctor et al. 1996). As razões pelas quais as plantas e os animais estabelecem estas alianças são diferentes: no caso das plantas é a reprodução e no caso dos animais é a obtenção de alimentos. Esta diferença fundamental pode levar os interactuantes a um conflito de interesses em vez de cooperação. Um exemplo óbvio são as espécies de colibris que roubam o néctar das flores (Ornelas 1994, Navarro 1999, Lara & Ornelas 2001). Este conflito de interesses dita a forma como a seleção natural actuará de forma divergente para as plantas, por um lado, e para os animais que as plantas recompensam seletivamente, por outro (Kearns et al. 1998). Os polinizadores e dispersores de sementes também se tornam agentes de seleção e a expressão sexual das plantas individuais numa população dependerá da sua eficiência. Por conseguinte, o resultado evolutivo da interação dependerá da eficiência que expressam na exploração do que cada parceiro considera ser um recurso valioso ou crítico. No entanto, o resultado evolutivo da interação depende não só da eficiência dos componentes, mas também do oportunismo e da flexibilidade observados nessas interacções. Este aspeto é importante, sobretudo porque se sabe que a distribuição dos recursos, neste caso o néctar e os frutos, não resulta apenas da interação, mas também de outros factores bióticos e abióticos que determinam a distribuição espacial das plantas. Os polinizadores e dispersores de sementes devem, portanto, procurar e seguir as mudanças na abundância e na distribuição temporal e espacial dos recursos (Ornelas & Arizmendi 1995). Esta situação torna as aves nectarívoras e frugívoras mais sensíveis às alterações da paisagem do que, por exemplo, uma toutinegra (Parulidae). Tem sido postulado que os sistemas de polinização e dispersão de sementes podem ser alterados após a fragmentação (Paton 2000), mas existem poucas informações sobre a região neotropical.

Embora haja muito mais informações sobre polinizadores e dispersores de sementes, os consumidores de flores e sementes também parecem seguir a abundância e a distribuição espacial dos recursos (Ornelas & Arizmendi 1995, Gordon & Ornelas 2000, Renton 2001). A florivoria e a granivoria, relativamente pouco conhecidas entre as aves neotropicais (Poulin et al. 1994), também exigem grande mobilidade e flexibilidade temporal na dieta por parte das aves. Vários grupos de aves, incluindo cracídeos, psitacídeos, columbídeos e emberizídeos, consomem quantidades significativas de flores e sementes, mas o efeito que têm na aptidão das plantas não foi investigado, e muito menos os efeitos sobre os visitantes legítimos da interação ou sobre a interação no seu conjunto. Em todo o caso, estes consumidores têm de se deslocar a várias escalas espaciais para explorar recursos efémeros e variáveis. Renton (2001) documentou estas características para Amazona finschi

(Psittacidae). Estes predadores de sementes são talvez os mais importantes consumidores de sementes de árvores de dossel na floresta decídua baixa do oeste do México; eles podem diminuir drasticamente a produção de sementes por (1) o padrão de agregação de árvores, (2) forrageamento tipicamente em grandes grupos, e (3) os movimentos de longa distância que fazem diariamente em busca de recursos (Renton 2001). Assim, os comedores de sementes podem desempenhar um papel fundamental na dinâmica e manutenção da diversidade nas florestas neotropicais.

INTERACÇÕES ECOLÓGICAS ENTRE PLANTAS E AVES

As interacções bióticas envolvem interconexões ao nível da comunidade (Jordano 1987). A extinção local de uma espécie tem consequências que não são facilmente previsíveis porque, na maioria dos casos, não existe um conhecimento pormenorizado da sua história natural. Cada espécie incluída numa lista de biodiversidade acrescenta, em média, duas interacções nos sistemas de polinização e três nos sistemas de dispersão de sementes, exceto no caso de espécies exóticas (Jordano 1987). Estes números são subestimados porque incluem apenas espécies mutualistas, ignorando a contribuição dos antagonistas (por exemplo, ladrões de néctar, florívoros, consumidores de sementes). Por conseguinte, é importante ter em conta a "permanência" das interacções ao longo do tempo, uma v e z   q u e   a extinção de espécies conduz a "efeitos dominó", que aceleram a perda de outras espécies. Esses efeitos negativos devem se somar e são maiores do que aqueles que seriam esperados como consequência da fragmentação por si só. A ideia de que a perda de uma espécie vegetal significa a perda de uma espécie animal através da extinção associada, e vice-versa, deve ser abandonada por ser simplista. Uma abordagem integradora reconhece que a natureza ecológica das interacções planta-aves reside na riqueza das interconexões que variam no tempo e no espaço, dependendo do contexto ambiental. Para ilustrar este aspeto, descrevemos a seguir as interconexões que ocorrem numa interação planta-aves que é objeto do nosso interesse de investigação, sugerindo que os biólogos da conservação voltem a sua atenção para as subtilezas e a complexidade que estes sistemas oferecem.

INTERCONEXÕES NUM SISTEMA PLANTA-POLINIZADOR

A heterostilia é um polimorfismo floral caracterizado pela posição recíproca dos estigmas e das anteras em flores de plantas diferentes. Existem dois tipos de heterostilia, dependendo do facto de existirem dois (distilia) ou três (tristilia) morfos florais na população (Barrett et al. 2000). Nas plantas distílicas, um dos morfos tem o estigma acima da posição da antera ("pin") e o morfo oposto tem as anteras acima da posição do estigma ("thrum"). As plantas com este dimorfismo floral são tipicamente polinizadas por animais (Darwin 1877, Barrett 1992). Embora os morfos florais sejam supostamente concebidos para a transferência recíproca de grãos de pólen (cruzamento entre morfos com arquitetura floral recíproca), a eficiência de tal mecanismo depende frequentemente da eficácia dos polinizadores (Beach & Bawa 1980). Se os polinizadores transferirem os grãos de pólen assimetricamente, o sucesso reprodutivo entre os morfos florais pode ser diferencial (Contreras & Ornelas 1999), o que pode promover a especialização de género (função masculina ou feminina) dos morfos florais (Beach & Bawa 1980, Ornelas et al. submetido).

Uma população de Palicourea padifolia (Rubiaceae) perto da cidade de Xalapa, Veracruz, México, tem sido estudada desde 1996. Esta planta é abundante em áreas perturbadas de floresta mesófila de montanha e distribui-se desde o sul do México até ao Panamá. As suas inflorescências apresentam flores tubulares amarelas que duram apenas um dia. Esta planta floresce tipicamente de março a agosto (Contreras & Ornelas 1999). A população é morfologicamente distílica mas apresenta uma série de assimetrias entre os morfos não necessariamente esperadas neste tipo de polimorfismo. De facto, a altura dos estigmas e das anteras não é recíproca e o tamanho das corolas e da superfície do estigma são maiores em thrum do que em pins (polimorfismo de tamanho). Outros polimorfismos estigmáticos observados incluem a forma e o tamanho das papilas estigmáticas (Ornelas et al. submetido). Além disso, as anteras das flores pin desenvolvem mais grãos de pólen, que são mais pequenos do que os das flores thrum (heteromorfismo polínico) (Contreras & Ornelas 1999). Nas plantas distílicas, estas assimetrias parecem desempenhar um papel funcional como mecanismos de auto-incompatibilidade e determinam, entre outros factores, a eficiência dos polinizadores na transferência dos grãos de pólen (Hermann et al. 1999). Onze espécies de beija-flores, abelhas solitárias e borboletas visitam as flores de P. padifolia na nossa área de estudo. Os beija-flores de bico curto, não territoriais, são considerados os polinizadores mais eficazes (Contreras & Ornelas 1999). Os botões florais e as flores são consumidos vorazmente por Chlorospingus ophthalmicus (Thraupidae) e Saltator atriceps (Cardinalidae). A produção de flores, a média de néctar produzido e a percentagem de flores danificadas por ladrões de néctar são iguais entre os morfos (Contreras & Ornelas 1999), mas o parasitismo floral por dípteros ovipositores de flores é mais elevado entre as flores maiores dos troncos. Os frutos são drupas suculentas, maiores entre os pinos, e produzem duas sementes, que são maiores entre os tordos (Contreras & Ornelas 1999, Ornelas et al. submitted). Os frutos amadurecem de junho a dezembro. Em outros locais de estudo, os frutos são consumidos e possivelmente dispersos por Chlorospingus ophthalmicus, mas pouco se sabe sobre frugivoria e dispersão de sementes nesta planta (Ornelas et al. submetido) (Fig. 1).Até à data, foram documentados traços florais normalmente associados a plantas heterostílicas e experiências de polinização demonstraram incompatibilidade entre morfos (Contreras &

Ornelas 1999). É possível que estas assimetrias nos traços florais modifiquem diferencialmente as decisões dos visitantes mutualistas e antagónicos, dependendo dos recursos que procuram.

Para investigar esta possibilidade, o desempenho de cada morfo floral foi monitorizado durante três anos ao longo de várias fases do seu ciclo reprodutivo (8 meses), desde o desenvolvimento e produção da inflorescência/infrutescência até à sobrevivência das sementes. A hipótese de trabalho é que os recursos oferecidos por P. padifolia (folhas, flores e frutos) aos visitantes mutualistas (polinizadores e dispersores de sementes) e aos antagonistas (herbívoros) devem ser iguais para se obter um sucesso reprodutivo simétrico dos morfos florais. Os custos associados a essa atração foram avaliados em termos de ataque de herbívoros e de sucesso reprodutivo, medido como tamanho e número de frutos produzidos (função feminina), em função da herbivoria. As assimetrias de tamanho entre os morfos, em frutos e sementes, foram avaliadas em termos de germinação e sobrevivência das plântulas.

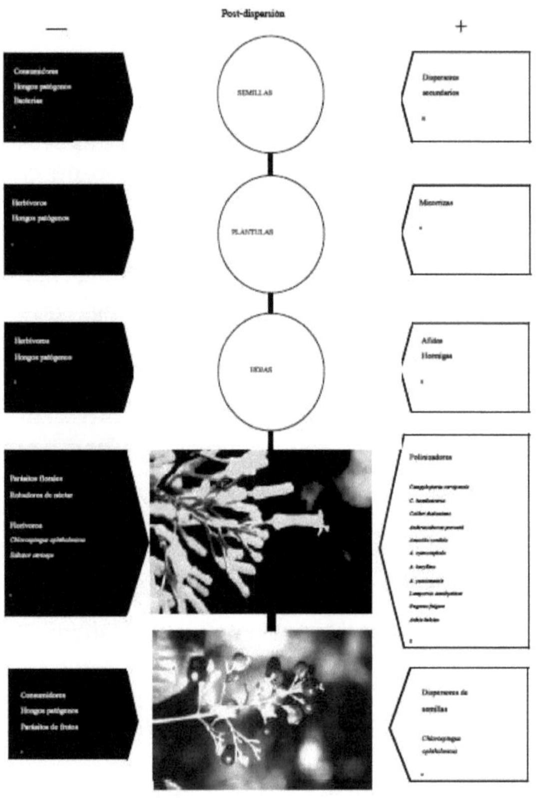

Figura 1. Diagrama ilustrando a complexidade das interconexões entre Palicourea padifolia (Rubiaceae) e as aves ao longo de um ano e num único ponto da sua distribuição geográfica. Esta planta estabelece relações mutualistas (+) com onze espécies de beija-flores (Trochilidae) e pelo menos uma espécie frugívora - que presumivelmente dispersa as suas sementes. Os resultados de cada uma destas interacções não são ainda conhecidos, nem no tempo nem no espaço. No entanto, imagine-se o número de possíveis interacções e interligações planta-beija-flor, beija-flor-planta, beija-flor-beija-flor que podem ocorrer durante os quatro meses em que as plantas oferecem néctar nas suas flores a estes visitantes. A planta também estabelece relações antagónicas (-) com duas espécies de aves que se alimentam das suas flores. Embora estas aves consumam um grande número de flores por visita, o seu impacto na aptidão da planta não é conhecido. O modo de consumo destas flores pelas duas espécies de aves é diferente, uma delas ingere a flor completamente (Saltator atriceps) enquanto a outra a arranca, "suga" e depois deita-a fora (Chlorospingus ophthalmicus). Este facto permitiu-nos supor que estas aves pertencem a compartimentos diferentes (florívoros e nectarívoros, respetivamente).

14

Verificámos que o desempenho fenológico da floração (número de flores abertas) e a apresentação de néctar como recompensa temporal favorecem os pinos. Em contraste, o desempenho fenológico da frutificação (número de frutos desenvolvidos) é duas vezes mais elevado nas tordas (Ornelas et al. submetido). Ambas as formas morfológicas são atacadas por herbívoros; no entanto, numa experiência de cafetaria, os herbívoros consumiram mais os pinos, que têm mais alcalóides. Embora não saibamos o significado desta relação, pensamos que os herbívoros são estimulados pela presença de alcalóides. Também foi documentado que os beija-flores mais comuns forrageiam de acordo com a apresentação de recompensas ao longo do tempo; no entanto, a apresentação do néctar é assimétrica durante o dia, fazendo com que o fluxo de pólen seja maior dos alfinetes para os troncos. Por fim, o tempo de germinação e a sobrevivência das plântulas favoreceram os tordos em condições de concorrência acrescida. As assimetrias observadas entre os morfos florais de P. padifolia representam desvios da heterostilia perfeita e sugerem a existência de pressões selectivas para a evolução da especialização do género (Ornelas et al. submetido). O nosso conhecimento do sistema é restrito a uma única população. A composição e função dos grupos de polinizadores e dispersores de sementes, a identidade dos antagonistas e a magnitude dos seus efeitos podem variar no tempo e no espaço. Sabemos que nesta população os padrões descritos se mantêm ao longo dos anos em que a população foi estudada. No entanto, é possível que o estado evolutivo da heterostilia seja diferente entre as populações desta planta, tal como a composição dos grupos de nectarívoros e frugívoros é diferente numa outra população estudada na Costa Rica (Ree 1997). O nosso sistema de trabalho ilustra, pelo menos, a complexidade das interconexões que podem ocorrer nas interacções planta-aves (Fig. 1); no entanto, estamos longe de compreender como as perturbações naturais e antropogénicas modificam a dinâmica ecológica e evolutiva aqui descrita. A complexidade das interconexões no mutualismo P. padifolia-beija-flor-frugívoro pode ser abordada como um problema de compartimentação. Este termo foi proposto para abordar o fluxo de energia nas cadeias alimentares (Fonseca & Ganade 1996), mas pode ser adaptado aos sistemas de polinização mutualista (Jordano 1987, Herrera 1990, Corbet 2000). Assim, as interacções que ocorrem em alguns sistemas poderiam ser vistas como compartimentos de acordo com o papel desempenhado por cada uma das onze espécies de beija-flores que visitam esta planta. Estes compartimentos poderiam ser formados em função da morfologia do bico dos beija-flores, onde espécies com bicos curtos (e.g. Atthis heloisa) e espécies com bicos longos (e.g. Campylopterus curvipennis), retiram e depositam quantidades diferentes de pólen ou transferem-no assimetricamente de um dos morfos florais para o outro devido às suas diferenças nas tácticas de forrageamento. Estes compartimentos podem ainda ser subdivididos em termos energéticos, ou seja, os colibris recolhem diferentes volumes de recompensa em função das suas necessidades e limitações, uma vez que, à medida que o tamanho do colibri aumenta, aumentam também as suas exigências energéticas. Embora o grau de dependência dos beija-flores de determinadas espécies de plantas seja geralmente baixo, algumas espécies de plantas podem ser críticas para a sua sobrevivência (espécies-chave). É provável que a presença de P. padifolia explique parte da diversidade local de nectarívoros e frugívoros. Nas plantações de café, onde o sub-bosque é inteiramente substituído por cafeeiros, as interacções aqui descritas desaparecem. Embora seja possível que novas interacções apareçam nessas plantações de café, esta observação pode desafiar o discurso reducionista de alguns conservacionistas que salientam que a diversidade de aves se mantém ou é maior em alguns casos em plantações de café que são geridas de forma amigável (onde as árvores nativas são mantidas ou plantadas como sombra para o café). Propomos que é necessário dedicar mais atenção às espécies vegetais das quais dependem muitas espécies mutualistas (nectarívoras e frugívoras) e antagonistas (roubadoras de néctar), em particular a manutenção e conservação de certos compartimentos vulneráveis.

EFEITO DOS ANTAGONISTAS NAS INTERACÇÕES

O mutualismo planta-polinizador é "explorado" por espécies que se apoderam das recompensas oferecidas aos polinizadores sem proporcionar qualquer benefício aos membros do mutualismo (Bronstein 2001). O néctar floral é a recompensa floral mais comum oferecida aos polinizadores pelas angiospérmicas polinizadas por aves; no entanto, este recurso é atrativo para outros visitantes florais que roubam a recompensa sem transferir pólen entre flores (Maloof & Inouye 2000, Lara & Ornelas 2001b). Os ladrões de néctar incluem tipicamente ácaros florais, abelhas, abelhões, formigas, aves da ordem Passeriformes e até mesmo beija-flores e morcegos (e.g. Ornelas 1994, Navarro 1999, Lara & Ornelas 2001b). Sabe-se que, em alguns casos, os ladrões de néctar têm um efeito negativo na aptidão das plantas e podem modificar os padrões de forrageamento dos polinizadores. No entanto, em alguns casos, o efeito foi documentado como sendo positivo ou neutro (Maloof & Inouye 2000). Embora seja difícil generalizar porque estes comportamentos podem ocorrer de forma facultativa (Lara & Ornelas 2001b), observou-se que as plantas polinizadas por beija-flores são mais sensíveis ao ataque de ladrões de néctar em áreas abertas do que no interior da floresta (Traveset et al. 1998). Além disso, plantas mais expostas a ladrões de néctar são menos visitadas por polinizadores legítimos e produzem menos sementes do que aquelas que crescem no interior da floresta (Traveset et al. 1998). Uma vez que os beija-flores e outras aves nectarívoras respondem a alterações na distribuição temporal e espacial dos recursos florais, as alterações na distribuição destes recursos, sejam elas naturais ou antropogénicas, podem alterar os resultados das interacções mutualistas e/ou antagónicas entre plantas e aves numa comunidade.

EFEITO DAS PERTURBAÇÕES NAS INTERACÇÕES

Até agora, discutimos a forma como as perturbações podem afetar as plantas e como essas alterações podem modificar os comportamentos dos seus visitantes e os resultados da interação. No entanto, as aves podem, por sua vez, afetar os padrões de distribuição espacial das plantas, em especial as plantas que dependem de vectores para dispersar os seus propágulos para os locais certos e que são, por alguma razão, mais sensíveis a alterações das condições microambientais. O visco (Loranthaceae) é um parasita que requer uma dispersão precisa das sementes pelo vetor, uma vez que as sementes têm de ser depositadas no ramo e no hospedeiro correctos. O visco é também conhecido por ser um indicador sensível das condições ambientais (água e minerais) devido à sua dependência do hospedeiro e das aves como vectores. Estas características tornam o sistema hospedeiro-vetor-parasita um excelente modelo para abordar questões de distribuição espacial, em que os factores de perturbação podem ser avaliados ao nível da metapopulação e com uma abordagem experimental.

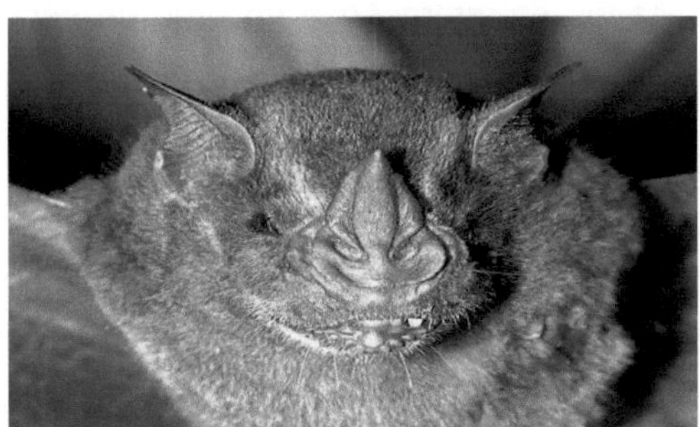

O MOSAICO GEOGRÁFICO NAS INTERACÇÕES

Thompson (1994) propôs que as interacções mutualistas, como as que ocorrem entre plantas e aves, são geograficamente estruturadas. A proposta de Thompson baseia-se em documentação empírica que sugere que os resultados da interação para uma população são condicionados espacial e temporalmente (Bronstein 1994a, 1994b, 2001). O resultado de uma interação mutualista ao longo de um gradiente geográfico é uma consequência das diferenças nas condições ambientais ao longo do gradiente, da estrutura genética e demográfica de cada uma das populações em interação e do contexto da comunidade biológica em que a interação ocorre. Como resultado desta variação entre populações, é possível que algumas populações possam co-evoluir com os seus interagentes numa direção e sob certas pressões de seleção, que outras possam co-evoluir na direção oposta, ou que em algumas localidades um dos interagentes simplesmente não exista. Do mesmo modo, o grau de especialização de uma população com os seus interactantes pode ser muito intenso e próximo, enquanto noutras populações a interação pode ser mais difusa e com baixa probabilidade de especialização. Esta variação interpopulacional nas condições e resultados da interação e no grau de especialização que pode ocorrer cria um mosaico geográfico de possibilidades nas interacções planta-aves. Dependendo do grau de especialização e das trajectórias e dinâmicas evolutivas de cada uma das populações que compõem um mosaico geográfico, surgem temporariamente locais com um elevado potencial para gerar diversidade ("hot spots") em todos os sentidos (Fig. 2). É óbvio que a manutenção de uma estrutura tão dinâmica exige não só um grande conhecimento da interação, desde a sua história natural até ao seu potencial evolutivo. Representa um grande desafio para a conservação e gestão das populações a diferentes escalas.

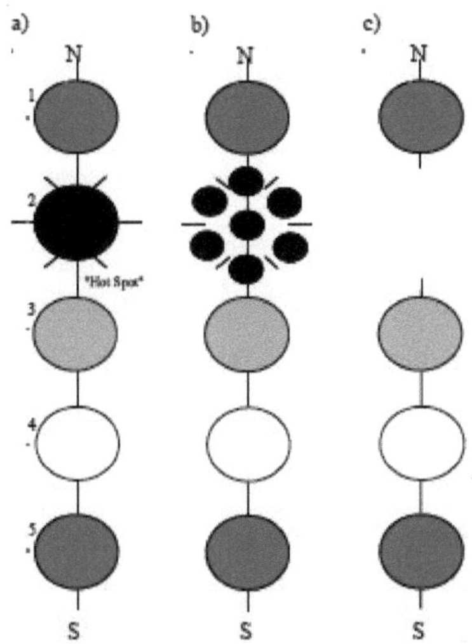

Figura 2. Cenários possíveis como consequências da fragmentação num mosaico geográfico de interacções planta-aves. Imagine-se que uma interação planta-aves está geograficamente estruturada de norte a sul(a). O grau de dependência entre plantas e aves é influenciado pelas adaptações locais dos interactuantes, o gradiente de especialização de baixo para cima (de branco para preto) varia entre regiões (1 a 5). No entanto, existe um fluxo genético entre elas (linha que liga todas as regiões). O grau de dependência e especialização é mais elevado na região 2, um local conhecido na literatura como "hotspot" por conter um elevado potencial evolutivo e ser um gerador de diversidade. Se esta região geográfica for fragmentada (b), os elementos do mosaico geográfico podem tomar várias direcções, a partir da interrupção do fluxo genético entre os componentes. Este modelo gráfico demonstra a importância de considerar a escala geográfica na conservação das interacções planta-aves.

CONSERVAÇÃO DAS INTERACÇÕES ENTRE PLANTAS- AVE

O interesse pela relação entre a ecologia das interacções planta-aves e a conservação tem sido mínimo (Janzen 1974, Kevan 1975, Howe 1984, McClanahan 1986, Feinsinger 1987). A fragmentação dos habitats naturais e a disseminação de ambientes modificados devem afetar profundamente quase todos os aspectos das interacções planta-aves (Feinsinger 1987). Foi sugerido que a fragmentação pode afetar (1) a estrutura e a dinâmica das populações em interação (Aizen & Feinsinger 1994a, 1994b) e (2) eventualmente a microevolução dessas populações (por exemplo, a sua estrutura genética). Se isto for verdade, a fragmentação pode estar a atuar ao nível da comunidade como uma força selectiva para as plantas, uma vez que o recrutamento de novos indivíduos pode mudar ao afetar a dinâmica dos seus sistemas reprodutivos e a relação com os seus polinizadores e dispersores de sementes.

Isto é particularmente importante quando se pensa a nível de metapopulação, em que a dinâmica entre populações depende da forma como os interactuantes se movem no espaço. Foi sugerido que os polinizadores são sensíveis a estas mudanças na paisagem (Bronstein 1995) e que, consequentemente, isto cria mudanças no movimento dos grãos de pólen através do espaço, o que tem impacto nos níveis de cruzamento e no sucesso reprodutivo das plantas. Tem sido postulado que a extinção de um mutualista é quase sempre devida a mudanças drásticas no seu ambiente e a uma redução no número de indivíduos do outro componente do mutualismo (Norton 1991). No entanto, não há informações sobre como o processo ocorre e como as aves reagem antes da extinção às mudanças que as plantas sofrem como resultado da fragmentação. Por exemplo, seria interessante investigar se a qualidade das recompensas que as plantas oferecem aos seus polinizadores muda em resposta às mudanças na paisagem e como essas mudanças alteram os padrões de forrageamento e a adequação das aves.

GESTÃO DA PAISAGEM PAISAGENS FRAGMENTADAS

Em paisagens fortemente fragmentadas (por exemplo, onde apenas restam árvores isoladas), as aves frugívoras tolerantes a fortes pressões de fragmentação têm demonstrado desempenhar um papel fundamental na ligação às florestas remanescentes através do movimento de sementes (Guevara et al. 1986, McClanahan 1993, Nepstad et al. 1996). Este facto promove e mantém a diversidade vegetal dentro e entre áreas fragmentadas e facilita a recuperação da estrutura da vegetação e da composição das espécies (Guevara et al. 1998, Medellín & Gaona 1999, Galindo-González et al. 2000). As aves frugívoras podem ter raios de forrageamento de até 25 km, permitindo o acesso a gâmetas entre plantas num território de forrageamento de 200-2000 km^2 (Roubik 2000). Por conseguinte, podem desempenhar um papel importante na recuperação de paisagens gravemente fragmentadas, promovendo a ligação de elementos da paisagem, fragmentos florestais, núcleos de regeneração, vegetação ribeirinha, árvores isoladas e zonas de pastagem (Galindo-Gonzalez et al. 2000). Desta forma, os componentes da paisagem podem permanecer ligados por plantas em determinados compartimentos de polinização (Corbet 2000), mas eventualmente o sistema pode entrar em colapso se o fluxo de genes for interrompido.

Sem dúvida, o sucesso de qualquer projeto de gestão e recuperação da paisagem a diferentes escalas deve ter em conta as interacções bióticas. Atualmente, os programas de reflorestação para recuperação de paisagens são vistos como uma panaceia para os danos ambientais que causámos; no entanto, não temos conhecimento de experiências positivas de consideração explícita das interacções em tais programas. São necessários programas de reflorestação mais sofisticados e criativos para restabelecer as interacções planta-polinizador e/ou planta-dispersor de sementes (Paton 2000) e mesmo a possibilidade de promover novas interacções.

INTERACÇÕES BEIJA-FLOR-PLANTA

As relações entre beija-flores e plantas têm sido tradicionalmente vistas como um modelo de mutualismo, onde as plantas com flores, geralmente tubulares e de cor vermelha, produzem muito néctar que lhes permite manipular visitantes energeticamente exigentes como os beija-flores (Trochilidae), importantes na manutenção do fluxo de pólen, promovendo o cruzamento e a variabilidade genética entre as populações de plantas que visitam (Feinsinger 1987, Wilding et al. 1989). O aparecimento de traços atrativos nas plantas de beija-flor as torna suscetíveis a visitantes antagônicos como abelhas, formigas, passeriformes e até mesmo beija-flores (Arizmendi et al. 1996, Colwell et al. 1974, Inouye 1983, Irwin & Brody 1999, Lara & Ornelas 2001, Naskrecki & Colwell 1998, Ornelas 1994, Paciorek et al. 1995), que coletam recompensas sem oferecer serviços de polinização. A chegada de visitantes indesejáveis que roubam néctar não é o único risco que surge neste mutualismo. Os beija-flores podem atuar como vectores de ácaros florais (Colwell 1973, Lara & Ornelas 2001) e de fungos patogénicos (Lara & Ornelas 2001) que afectam direta e/ou indiretamente tanto os beija-flores como as plantas hospedeiras. A transmissão destes organismos pode levar a doenças sexualmente transmissíveis (Jennersten 1983, Roy 1993, Roy 1994), consumo de pólen (Paciorek et al. 1995), diminuição do volume de néctar (Colwell 1995, Lara & Ornelas 2001) e alterações na razão sexual entre flores de plantas protândricas (Lara & Ornelas 2001). A presença de ácaros em plantas polinizadas por beija-flores tem sido bem documentada (Colwell 1979, Dobkin 1987, Heyneman et al. 1991, Naeem et al. 1985). Mas o efeito entre interagentes tem sido pouco explorado (Colwell 1995, Lara & Ornelas 2001). Os ácaros florais (Acari: Mesostigmata: Ascidae) alimentam-se de pólen e néctar de uma grande variedade de espécies vegetais polinizadas exclusivamente por beija-flores (Colwell 1995, Lara & Ornelas 2001, Paciorek et al. 1995). Para se dispersarem para novas flores, os ácaros sobem para o bico de um beija-flor visitante e viajam nas narinas até uma nova visita a outra inflorescência da espécie hospedeira apropriada (Colwell 1985, Dobkin 1990) (Fig. 1). A relação entre os ácaros florais e os beija-flores seus hospedeiros tem sido tipicamente definida como fórica (Colwell 1973, Dobkin 1990, Lara & Ornelas 2001); no entanto, foi sugerido que o transporte em si pode representar um custo energético para os beija-flores (Colwell 1995) e não se sabe se os ácaros produzem algum dano dentro das narinas (Lara & Ornelas 2001). O consumo de néctar pelos ácaros pode reduzir a sua disponibilidade para os beija-flores (Colwell et al. 1974, Kearns et al. 1998), afectando indiretamente o sucesso reprodutivo da planta hospedeira (Lara & Ornelas 2001, Paciorek et al. 1995). O volume de néctar nas flores de Moussonia deppeana (Gesneriaceae), uma planta protândrica polinizada pelo beija-flor Lampornis amethystinus, diminui em até 50% na presença de ácaros florais (Tropicoseius sp. nov.) sem afetar a produção de sementes (Lara & Ornelas 2001). No entanto, o consumo de néctar pelos ácaros pode influenciar os padrões de forrageamento dos beija-flores visitantes, o que pode afetar indiretamente a transmissão de pólen (Lara & Ornelas 2001). O efeito negativo dos ácaros florais no volume de néctar parece ser um fenómeno generalizado entre as plantas polinizadas por beija-flores cujas flores duram vários dias e produzem grandes volumes de néctar (Lara & Ornelas 2001). Certos fungos fitopatogénicos como as ferrugens, as pragas e os fungos endofíticos podem utilizar os polinizadores de plantas para dispersar os seus esporos (Batra 1987, Bultmant & White 1988, Jennersten 1983, Lara & Ornelas 2001, Pfunder

& Roy 2000, Roy 1993, Wilding et al. 1989). Estes fungos invadiram estruturas e processos utilizados pelas plantas para atrair polinizadores, através de estratégias como o mimetismo floral ("pseudoflores") e o sequestro de estruturas reprodutivas das plantas. Esta interação afecta potencialmente a ecologia da polinização, as características da história de vida das plantas, a evolução floral, bem como a dinâmica da transmissão e evolução dos agentes patogénicos (Roy 1994).

As infecções por fungos patogénicos, como os que atacam as anteras, têm sido geralmente estudadas em plantas polinizadas por insectos. É interessante explorar se os fungos que atacam anteras de flores visitadas por beija-flores as utilizam para dispersão e/ou alteram o seu hospedeiro de forma a beneficiar o fungo. O fungo patogénico Fusarium moniliforme Sheld (Deuteromycota) pode infetar sistematicamente flores na fase masculina (estaminada) de M. deppeana, substituindo o pólen por microconídios e ascósporos, que são dispersos para outras flores pelos beija-flores, espalhando assim a infeção (Lara & Ornelas 2001). Isto sugere que os efeitos de F. moniliforme na interação são negativos (redução do sucesso da fase reprodutiva das suas plantas hospedeiras), uma vez que as flores na fase masculina são praticamente esterilizadas. Os conhecimentos adquiridos até à data mostram que a polinização por animais é essencial para a reprodução sexual da maioria das plantas superiores. A alteração acelerada do habitat pela atividade humana, juntamente com a invasão acelerada de espécies exóticas e a expetativa de alterações climáticas globais, que ameaçam as plantas e os polinizadores tanto fenológica como ecologicamente, levaram nos últimos anos à conceção da conservação das interacções planta-polinizador (Kearns et al. 1998). Os resultados aqui apresentados sugerem que o conhecimento sobre os organismos antagonistas que exploram essas relações deve ser considerado nos planos de conservação.

INTERACÇÕES AO NÍVEL DA PAISAGEM

A manutenção de processos ao nível da paisagem que variam no tempo e no espaço é essencial para a conservação da biodiversidade a longo prazo (Harris et al. 1996). No entanto, as perturbações antropogénicas, como o abate imoderado de árvores e as alterações do uso do solo, afectam atualmente as interacções, muitas delas críticas, como as que ocorrem entre as plantas e as suas aves polinizadoras ou dispersoras (Howe & Smallwood 1982, Kearns et al. 1998). A fragmentação florestal e o aumento das zonas de borda têm sido sugeridos como factores importantes no aumento das populações de plantas parasitas e epífitas em áreas perturbadas (Norton et al. 1995, Williams-Linera 1992). Estas plantas são dispersas passivamente pelo ar ou diretamente por vectores, que são na sua maioria aves que depositam sementes em locais adequados para a germinação e estabelecimento (Davidar 1983, Sargent 1995, Wheelwright et al. 1984). Quando a dispersão é mediada por aves, como no caso das plantas parasitas, a procura de árvores hospedeiras e a probabilidade de indivíduos saudáveis serem infectados depende mais da abundância de indivíduos parasitados na população do que da densidade absoluta de árvores hospedeiras (Antonovics et al. 1993, Martínez del Río et al. 1996). Este modo de transmissão "dependente da frequência" pode levar a uma dinâmica populacional altamente instável que é facilmente modificada por perturbações (Martínez del Rio et al. 1996), o que pode afetar não só as interacções das plantas parasitas com as aves que as polinizam ou dispersam, mas também as interacções com as espécies que as predam (Norton & Reid 1997).Muitos processos ecológicos e evolutivos nos ecossistemas derivam das interacções planta-parasita devido à importância dos hospedeiros como produtores primários (Gilbert & Hubbell 1996). Em ecossistemas saudáveis, as infecções por parasitas persistentes, como o visco, afectam normalmente um número reduzido de indivíduos e desempenham um papel fundamental na dinâmica da comunidade. Em ecossistemas perturbados, as infecções podem tornar-se epidémicas e afetar um grande número de indivíduos, causando alterações permanentes na comunidade florestal (Gilbert & Hubbell 1996).Os viscos (Loranthaceae) são plantas hemiparasitas com flores que obtêm água e recursos minerais das suas plantas hospedeiras perenes (Burger & Kuijt 1983, Kuijt 1969). Os seus frutos constituem importantes recursos nutricionais para as aves que os dispersam, tendo sido documentadas numerosas associações entre a abundância dos seus frutos e a abundância de aves frugívoras (Reid et al. 1995, Restrepo 1987). No caso do visco Psittacanthus schiedeanus, observou-se que a produção máxima de frutos, com um elevado teor de lípidos, ocorre durante o período de inverno, quando os outros recursos são escassos, de modo a atrair o maior número possível de aves dispersoras (López de Buen & Ornelas 2001). Na região central de Veracruz, no México, as principais espécies de aves dispersoras (foram observadas 16 espécies de aves a consumir os seus frutos) são os Capulineros cinzentos ou floricultores (Ptilogonys cinereus), os Chinitos (Bombycilla cedrorum) e os Luises gregários (Myiozetetes similis), que influenciam a abundância e a distribuição do visco durante as suas actividades de forrageamento (López de Buen & Ornelas 1999). Pensa-se que estas aves podem reconhecer as árvores hospedeiras mais infestadas em busca de frutos para se alimentarem. De facto, quando chegam a um grupo de árvores, visitam primeiro os indivíduos com mais plantas de visco e, a partir daí, voam para árvores próximas, parasitadas ou não, para descansar ou consumir os frutos previamente recolhidos. Assim, essas aves dispersam as sementes inteiras e viáveis, separadas do restante dos frutos, durante sua defecação ou regurgitação nos galhos altos das árvores hospedeiras (López de Buen & Ornelas 1999).No estudo de P. schiedeanus, observou-se que apenas 35% dos frutos foram retirados, enquanto o restante permaneceu nas plantas de origem, onde secaram ou caíram no chão e foram atacados por fungos ou consumidos por espécies não dispersoras (López de Buen & Ornelas 2001). Embora as aves ajudem a remover as sementes das plantas de visco para as suas novas árvores hospedeiras, apenas uma pequena fração destas sementes conseguirá germinar e estabelecer-se como plantas sexualmente adultas (López de Buen & Ornelas 2001) e, subsequentemente, produzir frutos com sementes "infectantes".Os processos de fragmentação em áreas florestais são frequentemente tão rápidos que as comunidades vegetais e animais que as habitam não têm, muitas vezes, tempo suficiente para se adaptarem a estas mudanças perturbadoras (Rodhes & Odum 1996). No visco, tal como em muitas outras plantas heliófitas e oportunistas na exploração de ambientes perturbados com elevada intensidade luminosa, o aumento da extensão das áreas de fronteira pode promover o aumento das populações e das taxas de infestação (López de Buen & Ornelas 2001, López de Buen et al. 2001, Martínez del Río et al. 1996), desde que o grau de fragmentação e perturbação do ambiente não seja demasiado severo. Pelo contrário, em casos de perturbação extrema, o declínio das populações pode ser promovido pelo desaparecimento de possíveis interacções com as aves que as polinizam ou dispersam os seus frutos (Norton & Reid 1997).

ALTERAÇÕES CLIMÁTICAS E INTERACÇÕES ENTRE PLANTAS E AVES

Na última década, as mudanças climáticas (MC) têm ocupado cada vez mais a literatura científica. As principais alterações neste processo são o aumento de 0,3-0,6 °C da temperatura média anual nos últimos 100 anos e o aumento da concentração de carbono na atmosfera, criando diferentes cenários de aquecimento global (IPCC 1996, McCarty 2001). As alterações registadas nas últimas décadas são visíveis a todos os níveis da organização ecológica: alterações na população, no ciclo de vida e na distribuição dos organismos, alterações na composição das espécies e alterações na estrutura e funcionamento dos ecossistemas (McCarty 2001). As possíveis implicações futuras para a conservação das espécies e das comunidades foram abordadas em vários documentos (IPCC 1996, Sala et al. 2000, McCarty 2001).No que respeita às plantas, os principais efeitos das alterações climáticas incluem, entre muitos outros, aumentos da produtividade primária, alterações da taxa fotossintética (diferenciais para as espécies C3, C4 e CAM), distorções dos limites de distribuição das espécies, alterações da germinação e do recrutamento e alterações da estrutura e dinâmica das comunidades (Melillo et al. 1990, Prentice 1992, IPCC 1996, Ceulemans et al. 1999, Bradley et al. 1999, Ni et al. 2000, Loisseau & Soussana 2000, NRC 1999, McCarty 2001). No caso das aves, as principais alterações detectadas são enviesamentos na distribuição geográfica e alterações na data de reprodução e na seleção do habitat de nidificação (Crick & Lennon 1999, Thomas & Lennon 1999, Shaeter et al. 2000, Martin 2001, Moss et al. 2001, McCarty 2001). Sabe-se muito pouco sobre o efeito das alterações climáticas nas interacções bióticas

(Kareiva et al. 1993, IPCC 1996, NRC 1999, Hughes 2000), tendo sido abordados aspectos como as interacções planta-herbívoro (Coviella & Trumble 1999). A importância das interacções planta-aves no funcionamento dos ecossistemas foi amplamente demonstrada e pode ser considerado um exemplo hipotético dos efeitos das CC na sua dinâmica e na sua relação com a conservação das aves nas Américas. Por exemplo, uma reserva numa área de floresta nublada, destinada a preservar aves endémicas, está localizada entre 700 e 1700 m de altitude. Estudos realizados na reserva mostram que a frequência e a abundância de espécies de altitudes mais baixas estão a aumentar e que estas começam a nidificar duas semanas mais cedo do que na última década. Os investigadores referem que o sucesso reprodutivo das aves endémicas diminuiu significativamente devido a uma diminuição da disponibilidade de insectos, que são importantes para o desenvolvimento das crias. Além disso, os insectos mais importantes para a dieta dos filhotes são consumidos principalmente por aves típicas de altitudes mais baixas, insectos que são também visitantes florais de plantas cuja cobertura diminuiu nos últimos vinte anos. Outros estudos referem que o limite altitudinal inferior das aves endémicas aumentou 300 m e que as plantas de que dependem os insectos que constituem a dieta básica dos seus filhotes não seguem este padrão de mudança altitudinal, que está associado a alterações na humidade e temperatura do solo que determinam o recrutamento destas plantas.Além disso, entre as aves endémicas, duas espécies de colibris não são registadas há três anos e a produção de néctar das plantas mais visitadas pelos colibris é afetada negativamente pela diminuição da humidade relativa do ar, cuja média anual diminuiu 5% nos últimos doze anos. Os beija-flores têm uma das taxas metabólicas mais elevadas entre as aves e, por conseguinte, grandes necessidades energéticas, que obtêm em parte do néctar das flores. Os investigadores concluem que, a menos que as tendências climáticas sejam invertidas, as espécies de aves endémicas mais sensíveis às alterações na disponibilidade de alimentos extinguir-se-ão localmente. Ou seja, a importância da conservação da reserva foi diminuída pela magnitude da CC.

Os efeitos das perturbações antropogénicas podem conduzir a alterações como a fragmentação do habitat, que pode interagir com as alterações climáticas, produzindo efeitos sinérgicos nos organismos. Por exemplo, ao nível da paisagem, nos sistemas florestais, a perda de cobertura arbórea conduz a um aumento do albedo (refração dos raios solares pela superfície terrestre) (IPCC 1996), potenciando os efeitos das alterações climáticas com origem numa escala espacial mais vasta. As alterações climáticas e outros problemas que enfrentamos na conservação das interacções planta-aves chamam a atenção para a necessidade de alargar as escalas temporais e espaciais de estudo. Por outro lado, a perspetiva do mosaico geográfico da co-evolução (Thompson 1994, 1997) sugere que a dinâmica das interacções deve ser analisada à escala geográfica, uma vez que varia no tempo e no espaço, gerando padrões que são difíceis - se não impossíveis - de discernir à escala local.Não podemos ainda responder de que forma a CC afecta, com que magnitude e em que sentido, as interacções planta-aves, mas podemos ver como pequenas alterações no clima podem aumentar a variância da resposta das espécies e das suas interacções, pelo que devemos estar abertos a encontrar formas inovadoras de investigar e examinar os problemas de conservação das interacções planta-aves.

PLANTAS PIONEIRAS NA DIETA DE AVES E MORCEGOS NA SERRA DE GUAMUHAYA, CUBA

INTRODUÇÃO

Uma das características essenciais dos ecossistemas tropicais é a relação entre os frugívoros e as plantas. Entre a fauna que habita os trópicos, as aves, os morcegos e os mamíferos que não voam são considerados os maiores responsáveis pela dispersão de um grande número de espécies vegetais (Fleming et al., 1987). A elevada mobilidade destes vertebrados mantém e aumenta a variação genética das plantas, pois facilita o cruzamento de indivíduos não aparentados e aumenta a probabilidade de descendentes de pais diferentes crescerem juntos e trocarem genes durante a polinização (Begon et al., 1986). As florestas da Reserva da Biosfera "Sierra del Rosario" apresentam uma elevada complexidade estrutural e diversidade florística (Menéndez et al., 1988). Estas florestas produzem um grande número de frutos adaptados para serem consumidos e disseminados por vertebrados. Dada a ausência das principais famílias de aves frugívoras neotropicais (Cotingidae, Pipridae, Ramphastidae e Steotornithidae), bem como de primatas, entre outros mamíferos terrestres frugívoros (por exemplo, Procionidae); os morcegos filostomídeos e as aves frugívoras não especializadas representam os principais consumidores de frutos e, portanto, constituem elementos essenciais para a restauração natural das áreas florestais da Cordilheira. As aves são um grupo conspícuo nas florestas da Reserva, tanto em termos de diversidade como de biomassa, tendo sido registadas 92 espécies até à data (Rodríguez et al., 1999). Embora não existam frugívoros especializados, sabe-se que muitas espécies de aves cubanas incluem frequentemente frutos na sua dieta (Kirkconnell et al., 1992); no entanto, pouco se sabe sobre o papel funcional deste importante grupo de vertebrados nas regiões florestais de Cuba. Por outro lado, os morcegos da família Phyllostomidae, endémicos dos trópicos americanos, são responsáveis pela dispersão de sementes de centenas de espécies de plantas, incluindo epífitas, árvores e arbustos (Gardner, 1977). Numerosos estudos (por exemplo, Foster et al., 1986; Fleming, 1988) mostraram que os morcegos desempenham um papel importante na colonização de habitats perturbados por plantas pioneiras, que modificam as condições abióticas e o ambiente biótico e permitem o estabelecimento de outras espécies de plantas primárias. Todas as espécies de filostomídeos fitófagos foram capturadas na Reserva da Serra do Rosário. No âmbito do projeto "Estratégias regenerativas e aplicação de tratamentos pré-germinativos em sementes de espécies florestais pioneiras na Serra de Guamuhaya, Cuba", procurámos saber quais as plantas pioneiras que fazem parte da dieta das aves e morcegos que habitam a Cordilheira.

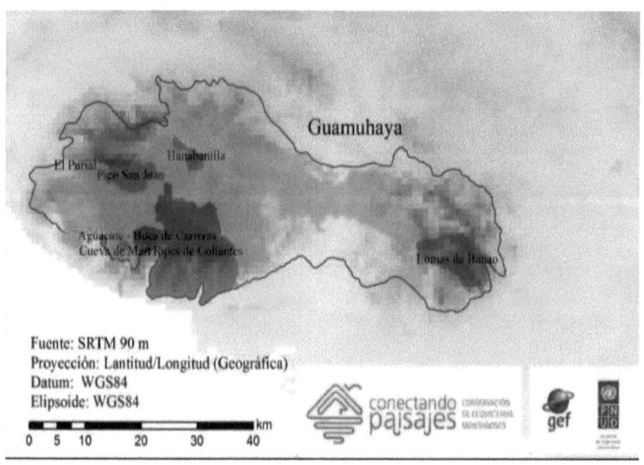

MATERIAIS E MÉTODOS

Para saber quais as espécies de aves que utilizam plantas pioneiras, foram efectuadas observações de pelo menos cinco indivíduos adultos frutíferos das seguintes espécies de plantas: Muntingia calabura, Cecropia schreberiana, Piper aduncum, Trema micrantha, Trichospermun mexicanum, Guazuma ulmifolia e Talipariti elatum (antigo Hibiscus elatus). As observações foram feitas mensalmente, durante a manhã, por ser o período de maior atividade alimentar das aves, em árvores seleccionadas nas imediações da Estação Ecológica "Sierra del Rosario" (N 220 51' 04.2" W 820 55' 52.8"). Foram registadas as espécies de aves que incluem regularmente frutos na sua dieta e foi dada especial atenção às que foram observadas a consumi-los. Além disso, foram compilados todos os dados anedóticos relacionados com o consumo de frutos por aves noutras localidades da Reserva.

Para conhecer os frutos incluídos na dieta dos morcegos filostomídeos, foram efectuadas capturas em manchas florestais de El Aguacate, Manantiales, Pico San Juan, El Naranjo, Lomas de Banao e El Garrote. Nas duas primeiras localidades foram efectuadas duas amostragens (períodos chuvoso e seco), na última apenas foi monitorizada a estação chuvosa. Os morcegos foram capturados com redes de neblina (9 e 12 m x 2,5 m) colocadas ao nível do solo. Foram utilizadas um total de cinco a seis redes, mantidas abertas das 18:00 às 24:00 horas, durante cinco noites consecutivas. Os animais capturados foram identificados e marcados com anéis metálicos numerados. Depois foram colocados em sacos de pano durante uma hora para lhes dar tempo para defecar e recolher as fezes. As amostras de alimentos foram etiquetadas com o número de cada animal e colocadas em frascos de plástico com álcool a 70% para posterior identificação no laboratório. No caso dos morcegos polinívoros, as amostras de pólen foram recolhidas passando pequenos cubos de gel sobre o corpo (Beattie, 1971). Outro método utilizado para identificar as plantas utilizadas como alimento pelos morcegos foi a recolha de restos de frutos encontrados sob os poleiros diurnos e de alimentação.

RESULTADOS E DISCUSSÃO

Um total de 19 espécies de aves, incluídas em nove famílias (Quadro 1), foram as mais comuns nas árvores seleccionadas das espécies de plantas pioneiras. As famílias mais representativas foram: Columbidae com quatro espécies, e Icteridae e Picidae com três. Com exceção do tordo-gato, Dumetella carolinensis, todos se reproduzem em Cuba e são conhecidos por incluírem elementos vegetais nas suas dietas (Kirkconnell et al., 1992). Três espécies de pica-paus (Família Picidae) foram muito frequentes, tendo sido observadas em seis das sete espécies de plantas monitorizadas. Outras aves com igual número de taxa de plantas visitadas foram o Pica-pau-de-coroa-vermelha, Priotelus temnurus; o Tordo-canoro, Turdus plumbeus; e o Pica-pau-de-bico-amarelo, Agelaius humeralis. Das plantas, Trema micrantha e Muntingia calabura, com 17 e 16 espécies de aves, respetivamente, apresentaram a maior diversidade de visitantes (Tabela 1). Ambas as espécies foram previamente registadas na dieta das aves (Snow, 1981). Piper aduncum, com cinco espécies de aves, apresentou o menor número de visitantes. Esta planta tem um hábito arbustivo (provavelmente demasiado frágil para as aves de tamanho médio) e a posição dos seus frutos não parece favorecer o seu consumo pelas aves, embora o género tenha sido referido na dieta de aves frugívoras não especializadas nos Neotrópicos (Snow, 1981). As plantas pioneiras incluídas nas observações têm geralmente frutos pequenos, do tipo drupas e bagas, com sementes pequenas; estas características foram apontadas como adaptações destas plantas para serem consumidas por aves não especializadas (Snow, 1971). Em duas ocasiões, foram detectados indivíduos do Arriero, Saurothera merlini, alimentando-se dos frutos de Guazuma ulmifolia, embora não nos exemplares selecionados para este estudo. Apesar da ausência de frutos carnosos, foi observado o consumo de Trichospermun mexicanum e Talipariti elatum por algumas espécies de aves (Tabela 1). Um negrito, Melopyrrha nigra, também foi observado a consumir frutos de Hibiscus costatus; antes deste trabalho, o género Hibiscus tinha sido reportado como fazendo parte da dieta de aves em África (Snow, 1981). Além das espécies de plantas pioneiras, objetivo principal deste estudo, foram observadas outras espécies que as aves frequentemente incluem em sua dieta, como o Copey (Clusia rosea; Clusiaceae), o Macurije (Matayba apetala; Sapindaceae) e o Almácigo (Bursera simaruba, Burseraceae). Os frutos do Copey foram consumidos pelo Pica-pau Verde, Xiphidiopicus percussus; Pica-pau Jabado (Melanerpes superciliaris), Bien-te-Veo (Vireo altiloquus) e Solibio (Icterus dominicensis); os do Macurije foram consumidos por Bien-te-Veo, pica-pau-jabado, pica-pau-verde, Tocororo e Totí (Dives atroviolacea); enquanto que os do Almácigo foram predados por Tocororo, Solibio, Bien-te-Veo e gaio-azul-de-bico-preto (Dendroica caerulescens). Foi observado um grupo de nove indivíduos de toutinegra-de-barrete-azul de San Diego (Cyanerpes cyaneus) a alimentar-se do Copey. Outras plantas incluídas na dieta das aves da Cordilheira foram o Palo de Caja, Allophylus comina (Sapindaceae) e a Aguedita, Picramnia pentandra (Simaroubaceae), ambas consumidas pelo Tocororo; a Cigua, Nectandra coriacea (Lauraceae), pelo Tordo-real; a Yaba, Andira inermis (Fabaceae) pelo Solibio e a Macagua, Pseudolmedia spuria (Moraceae) pela Chillina, Teretristis fernandinae. Tabela 1. Aves mais comuns que visitaram plantas pioneiras na Reserva da Biosfera "Sierra del Rosario". Mc: Muntingia calabura; Cs: Cecropia schreberiana; Pa: Piper aduncun; Tm: Trema micrantha; TRm: Trichospermum mexicanum; Gu: Guazuma ulmifolia; Te: Talipariti elatum. P: empoleirado na planta; N: alimentando-se das flores; C: consumindo os frutos.

	Ma	Cs	Pa	Tm	TRm	Gu	Te
COLUMBIDAE Columba leucocephala	P	-	-	P	P	-	-
Columba squamosa	P	-	-	P	P	-	-
Zenaida asiatica	-	P	-	-	-	P	P
Zenaida macroura	-	P	-	P	P	P	-
TROGONIDAE Priotelus temnurus	P	P	P	P, C	P, C	-	P
PICIDAE Colaptes auratus	P	P	-	P	P	P	P
Melanerpes supercilii	P	P	-	P	P	P	P, C
Xiphidiopicus percussus	P	P	-	P	P	P	P
TYRANNIDAE Tyrannus caudifasciatus	P	-	P	P	-	P	P
Tyrannus dominicensis	P	-	P	P	-	P	P
TURDIDAE Turdus plumbeus	P	P	-	P	P	P	P
MIMIDAE Dumetella carolinensis	P	-	-	P	-	-	-
Mimus polyglottos	P	-	-	P	-	P	-
ICTERIDAE							
Agelaius humeralis	P	P	-	P	P	P	P, C
Dives atroviolacea	-	P	-	-	P	P	P
Icterus dominicensis	P, C	-	-	P, C	P	-	P. N
THRAUPIDAE Cyanerpes cyaneus	P, N	P	-	P, N	P	P	P, N
Spindalis zena	P, C	P	P	P, C	P	P	P
EMBERIZIDAE Melopyrrha nigra	P, C	P	P	P, C	-	P	-

Todas as espécies de aves observadas podem ser classificadas como frugívoras facultativas, uma vez que complementam a sua dieta com elementos de origem animal. Apesar de ser um grupo conspícuo nas plantas estudadas, os pombos não devem ser considerados como aves frugívoras dadas as características dos seus hábitos alimentares, essencialmente granívoros, o que provoca a destruição das sementes, pelo que não estão envolvidos na sua dispersão. Foram capturados 391 indivíduos de morcegos filostomídeos, dos quais 90% corresponderam a três espécies: Monophyllus redmani, Artibeus jamaicensis e Phyllonycteris poeyi. Foram obtidas amostras de atividade alimentar de 35,5% dos indivíduos (Quadro 2). Sementes de três espécies de plantas pioneiras (Cecropia schreberiana, Piper aduncum e Muntingia calabura) foram os itens mais freqüentes nas amostras. O pólen de outra planta pioneira, Talipariti elatum, também foi considerado um elemento essencial para os morcegos nectarívoros na estação seca. Quando disponíveis, os frutos de Syzygium jambos, Ficus sp., Guazuma ulmifolia, Solanum umbellatum, Sideroxylon foetidissimum, Andira inermis e Callophyllum antillanum. Pouco se sabe sobre os hábitos alimentares de Phyllops falcatus; além das espécies listadas na Tabela 2, sabe-se que inclui C. schreberiana e S. jambos na sua dieta (Mancina e García, 2000).

Phyllonycteris poeyi, Brachyphylla nana e Erophylla sezekorni, apesar de serem considerados morcegos nectarívoros, são conhecidos por incluírem frutos em suas dietas (Silva Taboada, 1979). A análise das fezes de P. poeyi corrobora a importância dos frutos em sua dieta, pois 35% das tropas da espécie apresentaram sementes nas fezes, todas de plantas de sub-bosque. Parece que este recurso é mais importante durante a estação chuvosa, pois 46% dos indivíduos capturados neste período continham sementes, principalmente de Piper aduncum e Muntingia calabura (Tabela 2). Este facto pode corresponder à menor disponibilidade de flores durante a estação das chuvas. Durante a estação seca, o elemento mais comum nas amostras de P. poeyi foi o pólen, principalmente de Hibiscus sp (Malvaceae). Verificou-se que Monophyllus redmani inclui pequenos frutos na sua dieta, três amostras continham pequenas sementes de Trema micrantha. Antes deste trabalho não se sabia que M. redmani em Cuba incluía frutos na sua dieta. Como em P. poeyi, o pólen é o elemento mais frequente nas amostras do período seco. Com base na lista florística da Serra de Guamuhaya (Herrera et al., 1988) e numa revisão da literatura disponível, verificou-se que na Cordilheira existem pelo menos 148 taxa infragenéricos, incluídos em 62 famílias de plantas, que são relatados como parte da dieta de aves e morcegos filostomídeos na região neotropical. As famílias mais representadas foram: Rubiaceae (10), Myrtaceae (6), Mimosaceae(6), Lauraceae (6) e Euphorbiaceae (6), Sapindaceae (6) e Moraceae. As aves parecem incluir preferencialmente espécies das famílias Rubiaceae, Lauraceae e Euphorbiaceae; e os morcegos Mimosaceae, Myrtaceae e Caesalpiniaceae. Fleming (1979) observou que ambos os grupos exploram diferentes tipos de frutos e que a competição é baixa. É provável que as espécies de Ficus (Moraceae) presentes na Cordilheira, e relatadas na literatura como parte da dieta das aves, sejam consumidas pelos morcegos. Como parte deste trabalho, Artibeus jamaicensis foram capturados em várias ocasiões carregando frutos de Ficus sp. e foram encontrados restos sob seus poleiros diurnos, mas infelizmente estes não foram identificados. Artibeus jamaicensis, juntamente com Phyllops falcatus, são as espécies cubanas mais especializadas no consumo de frutos, que recolhem diretamente da folhagem de árvores e arbustos.

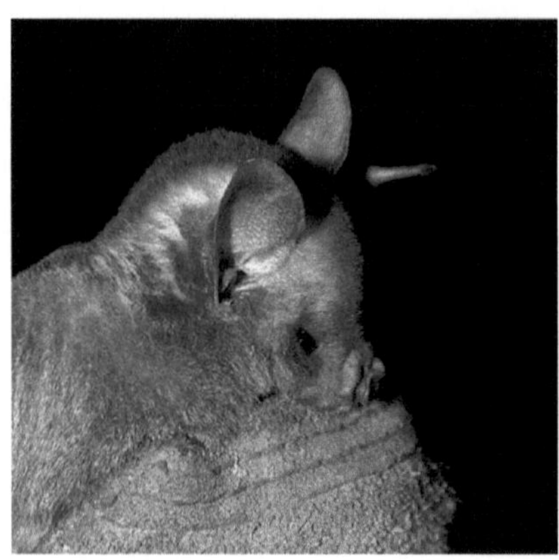

Tabela 2. Espécies de plantas encontradas como parte da dieta de morcegos filostomídeos na Serra de Guamuhaya de acordo com a época de coleta (seca e chuvosa). N: número de indivíduos coletados.

ESPÉCIES	N	SECA	CHUVA
Artibeus jamaicensis	116	Piper aduncum (2)	Cecropia schreberiana(16) Piper aduncum (2) Sementes não identificadas(2)
Phyllops falcatus	15	Piper aduncum (1) Muntingia calabura (1)	Piper sp. (1)
Monophyllus redmani	122	Trema micrantha (1) Sementes não identificadas (1) POLEN Spathodea campanulata (3) Talipariti elatum (20) Hibiscus rosasinencis (1) Hibiscus sp. (6) Ochroma pyramidale (1)	Trema micracantha (2)
Erophylla sezekorni	1	Pólen não identificado (1)	
Phyllonycteris poeyi	116	Piper aduncum (2) Conostegia xalapensis (2) Sementes não identificadas (2) Lantana trifolia (1) POLEN Spathodea campanulata (9) Talipariti elatum (19) Hibiscus rosasinencis (1) Hibiscus sp. (9)	Piper aduncum (18) Restos de mesocarpo (2) Mutingia calabura (7) Restos não identificados (3)
Brachyphylla nana	21	Ficus sp. (1) Muntingia calabura (1)	Sementes não identificadas (1)

A partir da análise das fezes de A. jamaicensis, verificou-se que Cecropia schreberiana é um elemento importante na sua dieta, pelo menos no período chuvoso. Outras plantas detectadas nas fezes de A. jamaicensis foram Piper aduncum e, a partir de observações de restos de comida em poleiros diurnos e atividade de forrageamento, determinou-se que esta espécie consome a dieta de muitas espécies de morcegos neotropicais (Kalko, et al., 1996) e em Cuba. Silva Taboada (1979) relata quatro espécies na dieta de A. jamaicensis. A partir de pesquisas em áreas de florestas continentais da região neotropical, sabe-se que há diferenças na precipitação de pequenas sementes entre grupos de vertebrados de aves e morcegos. Os últimos contribuem mais para a queda de sementes em áreas abertas, enquanto que os morcegos contribuem mais para a queda de sementes em áreas abertas, enquanto que os morcegos contribuem mais para a queda de sementes em áreas abertas, enquanto que os morcegos contribuem mais para a queda de sementes em áreas abertas, enquanto que os pássaros depositam sementes em torno de árvores frutíferas, vegetação rasteira e bordos de manchas florestais (Foresta, et al., 1984; Gorchov et al., 1993). Nas Índias Ocidentais, os estudos relacionados com o papel funcional dos vertebrados como dispersores de sementes são muito escassos. É necessária investigação futura para compreender o papel diferencial das aves e dos morcegos na regeneração natural das áreas afectadas das montanhas de Guamuhaya.

AGRADECIMENTOS

Aos trabalhadores das montanhas de Guamuhaya pela sua hospitalidade durante este trabalho. A todos os colegas que nos apoiaram durante as secções de trabalho noturno. À Lic. Alicia Rodríguez, investigadora do Jardim Botânico Nacional, pela identificação dos pólenes. A Corinna Koch e ao WildLife Preservation Trust Canada pelo seu apoio à nossa investigação.

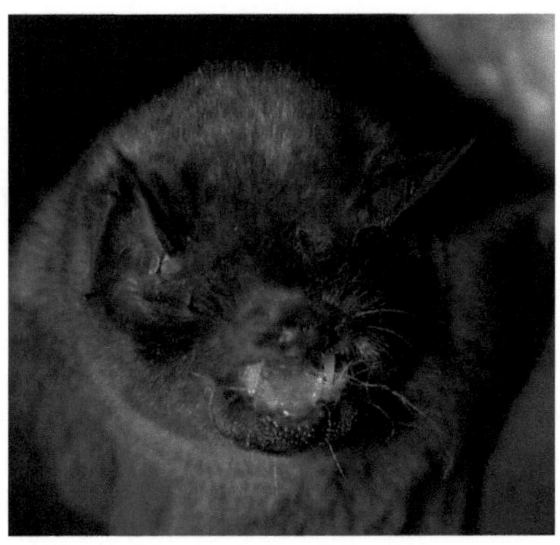

REFERÊNCIAS SOBRE FRUGIVORÍA

Beattie, A. J. 1971. Uma técnica para o estudo do pólen transportado por insectos. Pan-Pacific Entomol. 47:82.

Begon, M.E., L. Harper e C.R. Townsend. 1986. Ecology Individuals, Populations, and Communities. Blackwell Scientific Publications, Oxford. 269 pp.

Fleming, T. H. 1979. Os frugívoros tropicais competem por comida ? Amer. Zool. 19: 1157-1172.

Fleming, T. H. 1988. O morcego frugívoro de cauda curta. A study in plant-animal interactions. The University of Chicago Press. 365 pp.

Fleming, T. H., R. Breitwisch, e G. H. Whitesides. 1987. Padrões de diversidade de vertebrados frugívoros tropicais. Ann. Rev. Ecol. Syst. 18: 91-109.

Foresta, H. de, P. Charles-Dominique, C. Erard, e M. Prevost. 1984. Zoocorie et premiers stades de la Regeneração natural após o golpe de estado na floresta da Guiana. Rev. Ecol., 39: 369- 400.

Foster, R. B., J. Arce e T. S. Wachter. 1986. Dispersão e as comunidades vegetais sequenciais na planície de inundação do Peruflood da Amazônia. In: A. Estrada e T. H. Fleming (eds.) Frugívoros e dispersão de sementes. Dordrecht: Junk. pp 151-172.

Gardner, A. L. 1977. Hábitos de alimentação. In: R. J. Baker, J. K. Jones e D. C. Carter (eds.) Biology of bats of the New World family Phyllostomatidae. Carter (eds.) Biology of bats of the New World family Phyllostomatidae. Parte II. Público especial. The Museum Texas Tech Lubbock, n.º 13. pp. 293-350.

Gorchov, D. L., F. Cornejo, C. Ascorra, e M. Jaramillo. 1993. O papel da dispersão de sementes na regeneração natural da floresta tropical após o corte em faixas na Amazónia peruana. Vegetatio 107/108: 339-349.

Kalko, E. K., E. A. Herre, e C. O. Handley Jr. 1996. O. Handley Jr. 1996. Relação entre as características dos frutos de figo e os morcegos frugívoros nos trópicos do Novo e do Velho Mundo. J. Biogeography, 23: 565-576.

Kirkconnell, A; O. H. Garrido, R. M. Posada, e S. O. Cubillas. 1992. Grupos tróficos na avifauna cubana. Poeyana, 415, 1-21.

Menéndez, L., E. E. García, R. A. Herrera, M. E. Rodríguez e J. A. Bastart. 1988. Estrutura e produtividade da floresta média perene da Serra do Rosário, Cap 8, 151-211 pp. In: R. A. Herrera, L. Menendez, M.E. Rodríguez e E. E. García (eds.). Ecology of Evergreen Forests of the Sierra del Rosario, Cuba. Projeto MAB no.1, 1974-1987. ROSTLAC, Montevideo Uruguai.

Mancina, C. A., A. Hernández Marrero, L. Rodríguez Schettino. 2000. Mastofauna selvagem da Reserva da Biosfera "Sierra del Rosario", Cuba. Poeyana 476-480:9-13.

Mancina, C. A. e L. García. 2000. Notas sobre a história natural de Phyllops falcatus (Gray, 1839) (Phyllostomidae: Stenodermatinae) em Cuba. Chiroptera Neotropical 6 (1-2): 123-125.

Rodríguez, L. S., C. A. Mancina, E. Pérez, A. Hernández, e A. Chamizo. 1999.

Gestão e conservação de vertebrados terrestres da serra de Guamuhaya, como base para o estudo das alterações climáticas. Relatório final do projeto. CITMA, Havana.

Silva Taboada, G. 1979. Os morcegos de Cuba. Editorial Academia. Havana, Cuba. 423 pp.

Snow, D. W. 1971. Evolutionary aspects of fruit-eating by birds. Ibis 113: 194- 202.Snow, D. W. 1981. Tropical frugivorous birds and their food plants: A world survey. Biotropica 13(1): 1-14.

CONCLUSÕES

A lentidão com que se produz informação sobre a história natural das interacções planta-animal, em particular, dados cientificamente verificáveis sobre a abundância de polinizadores e/ou dispersores de sementes e efeitos rigorosamente identificados de processos como a fragmentação nas interacções, representa uma séria ameaça à conservação dos sistemas de polinização e/ou dispersão de sementes face às pressões do tempo, à disponibilidade de recursos e às taxas crescentes de desflorestação e fragmentação. Os sistemas de polinização e dispersão de sementes devem ser estudados em seus próprios termos, incluindo diferenças entre indivíduos em experiências de forrageamento (Bronstein 1995, Ornelas & Arizmendi 1995), abundância ou escassez de sítios de nidificação, extensão das áreas de forrageamento (Renton 2001), picos de floração e estratégias oportunistas (Lara & Ornelas 2001b). Por isso, é necessário prestar atenção à forma como as alterações na paisagem promovem mudanças no sucesso reprodutivo das plantas, na seleção de flores e frutos, na qualidade das recompensas e serviços, na germinação de sementes, na sobrevivência das plântulas e nas rotas migratórias (Roubik 2000).Em conclusão, acreditamos que a conservação ou restauração das interacções planta-aves requer uma compreensão de como cada sistema reage a múltiplos factores interligados. Para além de Kremen & Ricketts (2000), consideramos que as futuras abordagens ao estudo das interacções planta-aves e da sua conservação devem ter em conta (1) a fenologia das interacções entre as plantas e os seus polinizadores e/ou dispersores de sementes através do espaço, (2) o papel dos antagonistas e das interacções a três níveis, (3) a relação entre a fragmentação e a disponibilidade de locais de nidificação e de recursos alimentares (flores e frutos),(4) o nível de redundância dentro dos compartimentos, (5) a vagueza dos polinizadores, dispersores de sementes e consumidores e a sua capacidade de se deslocarem através de ambientes desfavoráveis, (6) a identificação de recursos-chave em ambientes nativos e os gerados em paisagens antropogénicas, e (7) a inclusão de medidas de sensibilidade em programas de gestão e conservação ao longo do tempo e do espaço e a diferentes escalas. Esta abordagem exige um esforço monumental que atravessa escalas, paisagens e fronteiras. Isto permitir-nos-á avaliar o papel dos consumidores de flores e sementes e dos antagonistas, tais como os ladrões de néctar e/ou os agentes patogénicos, de uma forma holística no seu contexto (Buchmann & Nabhan 1996) e de forma análoga à dos dispersores de sementes. Nas Antilhas, os estudos relacionados com o papel funcional dos vertebrados como dispersores de sementes são muito escassos. É necessária investigação futura para compreender o papel diferencial das aves e dos morcegos na regeneração natural das áreas afectadas nas montanhas de Cuba.

BIBLIOGRAFIA

Aizen, M. A. & Feinsinger, P. 1994a. Fragmentação florestal, polinização e reprodução de plantas em uma floresta seca do Chaco, Argentina. Ecology 75: 330-351.

Aizen, M. A. & Feinsinger, P. 1994b. Fragmentação de habitat, insetos polinizadores nativos e abelhas ferozes no "Chaco Serrano" argentino. Ecol. Appl. 4: 378-392.

Antonovics, J., P. H. Thrall, A. M. Jaroz & D. Stratton. 1993. Ecological genetics of metapopulations: the Silene-Ustilago plant pathogen system. Pp. 146170 in
L. Real (ed.). Ecological genetics. Princeton University Press, Princeton. Nova Jersey, EUA.

Arizmendi, M. C., C. A. Domínguez & R. Dirzo. 1996. O papel de um ladrão de néctar aviário e dos polinizadores beija-flor na reprodução de duas espécies de plantas. Funct. Ecol. 10: 119-127.

Barrett, S. C. H. 1988. Polimorfismos genéticos heterostílicos: sistema modelo para análise evolutiva. Pp. 1-24 Em S. C. H. Barrett (ed.). Evolution and function of heterostyly. Springer-Wien. Nova Iorque.

Barrett, S. C. H., D. H. Wilken & W. W. Cole. 2000. Heterostyly in the Lamiaceae: the case of Salvia brandegeei. Plant Syst. Evol. 223: 211-219.

Batra, S. W. T. 1987. Engano e corrupção na plantação de mirtilos. Nat. Hist. 96: 57-59.

Beach, J. H. & K. S. Bawa.1980. Role of pollination in the evolution of dioecy from distantly. Evolution 34: 1138-1142.

Bradley, N. L., A. C. Leopold, J. Ross & W. Huffaker. 1999. As alterações fenológicas reflectem as alterações climáticas no Wisconsin. Proc. Nat. Acad. Sci. USA 96: 9701-9704.

Bronstein, J. L. 1994a. Resultados condicionais das interacções mutualistas. Trends Ecol. Evol. 9: 214-217.

Bronstein, J. L. 1994b. Our current understanding of mutualism. Quarterly Rev. Biol. 69: 31-51.

Bronstein, J. L. 1995. The plant/pollinator landscape. Pp. 256-288 In L. Fahrig,

L. Hansson & G. Merriam (eds.). Mosaic landscapes and ecological processes. Chapman and Hall. Nova Iorque.

Bronstein, J. L. 2001. The exploitation of mutualisms. Ecology Letters 4: 277287.

Buchmann, S.. L. & G. P. Nabhan. 1996. The forgotten pollinators. Island Press. Washington, D.C.

Bultmant, T. L. & J. F. White. 1988. Polinização de um fungo por uma mosca. Oecologia 73: 317-319.

Burger, W. & J. Kuijt. 1983. Loranthaceae sensu lato. Flora Costaricensis. Feldiana Bot. 13: 29-79.

Ceulemans, R., L. A. Janssens & M. E. Jach. 1999. Effects of CO2 enrichment on trees and forests: lessons to be learned in view of future ecosystem studies. Ann. Bot. 84: 577-590.

Colwell, R. K. 1973. Competição e coexistência numa comunidade tropical simples. Am. Nat. 107: 737-760.

Colwell, R. K. 1979. The geographical ecology of hummingbird flower mites in relation to their host plants and carriers. Pp. 461-468 In J. G. Rodriguez (ed.). Recent advances in Acarology, Vol. 2. Academic Press. Nova Iorque.

Colwell, R. K. 1985. Passageiros clandestinos no expresso dos beija-flores. Nat. Hist. 94: 56-63.

Colwell, R. K. 1995. Effects of nectar consumption by the hummingbird flower mite Proctolaelaps kirmsei on nectar availability in Hamelia patens. Biotropica 27: 206-217.

Colwell, R. K., B. J. Betts, P. Bunnell, F. L. Carpenter & P. Feinsinger. 1974. Competição pelo néctar de Centropogon valerii pelo beija-flor Colibri thalassinus e pelo perfurador de flores Diglossa plumbea, e suas implicações evolutivas. Condor 76: 447-452.

Contreras, P. S. & J. F. Ornelas. 1999. Conflitos reprodutivos de Palicourea padifolia (Rubiaceae) um arbusto distílico de uma floresta tropical nublada no México. Plant Syst. Evol. 219: 225-241.

Corbet, S. A. 2000. Conservação de compartimentos em teias de polinização. Conserv. Biol. 14: 1229-1231.

Coviella, C. E. & J. T. Trumble. 1999. Effects of elevated atmospheric carbon dioxide on insect-plant interactions. Conserv. Biol. 13: 700-712.

Cox, P. A. & T. Elmqvist. 2000. Pollinator extinction in the Pacific Islands. Conserv. Biol. 14: 1237-1239.

Crick, H. Q. P. & T. H. Sparks. 1999. Climate change related to egg-laying trends. Nature 399: 423-424.

Darwin, C. 1877. The different forms of flowers on plants of the same species. John Murray. Londres, Reino Unido.

Davidar, P. 1983. Birds and neotropical mistletoes: effects on seedling recruitment. Oecologia 60: 271-273.

Dobkin, D. S. 1987. Abscisão síncrona de flores em plantas polinizadas por beija-flores eremitas e a evolução das flores de um dia. Biotropica 19: 90- 93.

Dobkin, D. S. 1990. Padrões de distribuição dos ácaros florais do beija-flor (Gamasidae: Ascidae) em relação à disponibilidade floral nas inflorescências de Heliconia. Behav. Ecol. 1: 131-139.

Feinsinger, P. 1987. Approaches to nectarivore-plant interactions in the New World. Revista Chilena Hist. Nat. 60: 285-319.

Feinsinger, P. 1987. Approaches to nectarivore-plant interactions in the New World. Revista Chilena Hist. Nat. 60: 285-319.

Galindo-González, J., S. Guevara & V. J. Sosa. 2000. Chuvas de sementes geradas por morcegos e aves em árvores isoladas em pastagens numa floresta tropical. Conserv. Biol. 14: 1693-1703.

Gilbert, G. S. & S. P. Hubbell. 1996. Plant diseases and the conservation of tropical forest. BioScience 46: 98-106.

Gordon, C. E. & J. F. Ornelas. 2000. Comparing endemism and habitat restriction in the Mesoamerican tropical deciduous forest avifauna: implications for biodiversity conservation planning. Bird Conserv. Int. 10: 289-304.

Guevara, S., S. Purata & E. van der Maarel. 1986. The role of remnant trees in tropical secondary succession (O papel das árvores remanescentes na sucessão secundária tropical). Vegetatio 66: 74-64.

Harris, L. D., T. S. Hoctor & S. E. Gergel. 1996. Processos paisagísticos e sua importância para a conservação da biodiversidade. Pp. 319- 347 In O. R. Rodhes, R. K.

Chesser & M. H. Smith (eds.). Population dynamics in ecological space and time. University of Chicago Press. Chicago, Illinois, EUA.

Hermann, B. P., T. K. Mal, R. J. Williams & N. R. Dollahon. 1999. Avaliação quantitativa do polimorfismo do estigma numa erva daninha tristílica, Lythrum salicaria (Lythraceae). Am. J. Bot. 86: 1120-1129.

Herrera, C. M. 1999. Padrões diários de atividade dos polinizadores, eficácia diferencial de polinização e disponibilidade de recursos florais, num arbusto mediterrânico com floração estival. Oikos 58: 277-278.

Heyneman, A. J., R. K. Colwell, S. Naeem, D. S. Dobkin & B. Hallet. 1991. Discriminação de plantas hospedeiras: experiências com ácaros de flores de beija-flor. Pp. 455- 485 In P. W. Price, T. M. Lewinsohn, G. W. Fernandes & W. W. Benson (eds.). Plant-animal interactions: evolutionary ecology in tropical and temperate regions. Wiley-Interscience. Nova Iorque.

Howe, H. F. 1974. Implications of seed dispersal by animals for tropical reserve management (Implicações da dispersão de sementes por animais para a gestão de reservas tropicais). Biol. Conserv. 30: 261-281.

Howe, H. F. & J. Smallwood. 1982. Ecology of seed dispersal. Annu. Rev. Ecol. Syst. 13: 201-228.

Hughes, L. 2000. Biological consequences of global warming: is the signal already apparent? Trends Ecol. Evol. 15: 56-61.

Inouye, D. W. 1983. A ecologia do roubo de néctar. Pp. 153-173 In B. Bentley & T. Elias, (eds.). The biology of nectaries. Columbia University Press. Columbia University Press, Nova Iorque.

IPCC (Painel Intergovernamental sobre as Alterações Climáticas). 1996. Climate change 1995: the science of climate change. Contribuição do grupo de trabalho I para o segundo relatório de avaliação do IPCC. Cambridge University Press. Cambridge, Massachusetts.

Irwin, R. E. & A. K. Brody. 1999. Os zangões que roubam o néctar reduzem a aptidão de Ipomopsis aggregata (Polemoniaceae). Ecology 80: 1703-1712.

Janzen, D. H. 1974. O defloramento da América Central. Nat. Hist. 83: 48-53.

Jennersten, O. 1983. Visitantes de borboletas como vectores de esporos de Ustilago violacea entre plantas cariofilas. Oikos 40: 125-130.

Jordano, P. 1987. Patterns of mutualistic interactions in pollination and seed dispersal: connectance, dependence asymmetries, and coevolution. Am. Nat. 129: 657-677.

Kareiva, P. M., J. G. Kingsolver & R. B. Huey (eds.). 1993. Biotic interactions and global change. Sinauer Associates. Sunderland, Massachusetts.

Kattan, G. H., H. Alvarez-López & M. Giraldo. 1994. Fragmentação florestal e extinção de aves: San Antonio oitenta anos depois. Conserv. Biol. 8: 138-146.

Kearns, C. A., D. W. Inouye & N. M. Waser. 1998. Endangered mutualisms: the conservation of plant-pollinator interactions. Annu. Rev. Ecol. Syst. 29: 83- 112.

Kevan, P. G. 1975. Pollination and environmental conservation. Environ. Conserv. 2: 293-298.

Kremen, C. & T. Ricketts. 2000. Global perspectives on pollination disruptions. Conserv. Biol. 14: 1226-1228.

Kuijt, J. 1969. The biology of parasitic flowering plants. University of California Press. Los Angeles. Califórnia.

Lara, C. & J. F. Ornelas. 2001. Roubo preferencial de néctar em flores com corolas longas: estudos experimentais de duas espécies de beija-flores visitando três espécies de plantas. Oecologia 128: 263-273

Lara, C. & J. F. Ornelas. submetido. Respostas do beija-flor de garganta ametista Lampornis amethystinus à simulação experimental do consumo de néctar de ácaros em Moussonia deppeana (Gesneriaceae). Oikos.

Lara, C. & J. F. Ornelas. 2001. "Roubo" de néctar por ácaros de beija-flor e
suas consequências para a formação de sementes em Moussonia deppeana. Funct. Ecol. 15: 78-84.

Lara, C. & J. F. Ornelas. submetido. Consumo de néctar por ácaros florais em seis plantas polinizadas por beija-flores com longevidades florais contrastantes. Ecologia.

Lara, C. & J. F. Ornelas. em preparação. Beija-flores como vectores de esporos de Fusarium moniliforme para o arbusto protândrico Moussonnia deppeana: tirando partido de um mutualismo.

Loiselle, B. A. & J. G. Blake. 1992. Variação populacional numa comunidade de aves tropicais: implicações para a conservação. BioScience 42: 838-845.

Loisseau, P. & J. F. Soussana. 2000. Efeito do CO_2 elevado, da temperatura e da fertilização com N nos fluxos de azoto num ecossistema de prados temperados. Global Ecol. Biogeogr. Letters 6: 953-965.

López de Buen, L. & J. F. Ornelas. 1999. Aves frugívoras, seleção de hospedeiros e o visco Psittacanthus schiedeanus, em Veracruz Central, México. J. Trop. Ecol. 15: 329-340.

López de Buen, L. & J. F. Ornelas. submetido. Compatibilidade de hospedeiros do visco da floresta nublada Psittacanthus schiedeanus (Loranthaceae) em Veracruz Central, México. Am. J. Bot.

López de Buen, L. & J. F. Ornelas. 2001. Dispersão de sementes do visco Psittacanthus schiedeanus por aves em Veracruz Central, México. Biotropica.

López de Buen, L., J. F. Ornelas & J. G. García-Franco. 2001. Infeção por visco em árvores localizadas em bordas de florestas fragmentadas na floresta nublada de Veracruz Central, México. J. Forest Ecol. Manag.

Maloof, J. E. & D. W. Inouye. 2000. Os ladrões de néctar são batoteiros ou mutualistas? Ecology 81: 2651-2661.

Martin, T. E. 2001. Influências abióticas vs. bióticas na seleção de habitat de espécies coexistentes: impactos das alterações climáticas? Ecologia 82: 175-188.

Martínez del Rio, C., A. Silva, R. Medel & M. Hourdequin. 1996. Dispersores de sementes como vectores de doenças: transmissão por aves de sementes de visco para plantas hospedeiras. Ecology 77: 912-921.

McCarty, J. P. 2001. Ecological consequences of recent climate change. Conserv. Biol. 15: 320-331.

McClanahan, T. R. 1986. Dispersão e intensidade de pólen como critérios para a população mínima viável e reservas de espécies. Environ. Manag. 10: 381- 386.

McClanahan, T. R. 1993. Aceleração da sucessão florestal numa paisagem fragmentada e o papel das aves e dos poleiros. Conserv. Biol. 7: 279-288.

Medellín, R. & O. Gaona. 1999. Dispersão de sementes por morcegos e aves em habitats florestais e perturbados em Chiapas, México. Biotropica 31: 478-485.

Melillo, J. M., T. V. Callaghan, F. I. Woodward, E. Salati & S. K. Sinha. 1990. Effects on ecosystems. Pp. 283-310 In Houghton, J.T., G. J. Jenkins & J. J. J..

Ephraums (eds.). Climate change. The IPCC scientific assessment. Cambridge University Press. Cambridge, Massachusetts.

Moss, R., J. Oswald e D. Baines. 2001. Climate change and breeding success: decline of the capercaillie in Scotland (Alterações climáticas e sucesso reprodutor: declínio do tetraz na Escócia). J. Anim. Ecol. 70: 47-61.

Naeem, S., D. S. Dobkin & B. M. Oconnor. 1985. Lasioseius mites (Acari: Gamasina: Ascidae) associated with hummingbird-pollinated flowers in Trinidad, West Indies. Int. J. Ento. 27: 338-353.

Naskrecki, P & R. K. Colwell. 1998. Systematics and host plant affiliations of hummingbird flower mites of the genera Tropicoseius Baker and Yunker and Rhionoseius Baker and Yunker (Acari: Mesostigmata: Ascidae). Publicações Thomas Say em Entomologia. Monographs, Entomological Society of America.

Conselho Nacional de Investigação. 1999. Global Environmental Change: Research Pathways for the Next Decade. Comité de Investigação sobre Alterações Globais.

Navarro, L. 1999. Ecologia da polinização e efeito da remoção do néctar em Macleania bullata (Ericaceae). Biotropica 31: 618-625.

Nepstad, D. C., C. Uhl, C. A. Pereira & J. M. Cardoso da Silva. 1996. Um estudo comparativo do estabelecimento de árvores em pastagens abandonadas e florestas maduras da Amazônia oriental. Oikos 76: 25-39.

Ni, J., M. T. Sykes, I. C. Prentice & W. Cramer. 2000. Modelação da vegetação da China utilizando o modelo da biosfera terrestre de equilíbrio baseado em processos BIOME3. Global Ecol. Biogeogr. Letters 9: 463-479.

Norton, D. A. 1991. Trilepidea adamsii: o obituário de uma espécie. Conser. Biol. 5: 52-57.

Norton, D. A. & N. Reid. 1997. Lessons in ecosystem management from management of threatened and pest Loranthaceous mistletoes in New Zealand and Australia. Conserv. Biol. 11: 759-769.

Norton, D. A., R. J. Hobbs & L. Atkins. 1995. Fragmentação, perturbação e distribuição de plantas: visco em remanescentes florestais no cinturão de trigo da Austrália Ocidental. Conserv. Biol. 9: 426-438.

Ornelas, J. F. & M. C. Arizmendi. 1995. Altitudinal migration: implications for conservation of avian Neotropical migrants in western Mexico. Pp. 98-112 In
M. H. Wilson & S. A. Sader (eds.). Conservation of Neotropical migratory birds in Mexico (Conservação de aves migratórias neotropicais no México). Maine Agricultural and Forest Experiment Station. Miscellaneous Publication 727, Orono, Maine.

Ornelas, J. F. 1994. Serrate tomia: uma adaptação para o roubo de néctar em beija-flores? Auk 111: 703-710.

Ornelas, J. F., C. González, L. Jiménez, C. Lara, A. J. Martínez & P. S. Contreras (submetido). Fatores ecológicos em torno da heterostilia em Palicourea padifolia (Rubiaceae) polinizada por beija-flores. Am. J. Bot.

Paciorek, C. B., B. Moyer, R. Levin & S. Halpern. 1995. Consumo de pólen pelo ácaro Proctolaelaps kirmsei e possíveis efeitos em Hamelia patens. Biotropica 27: 258-262.

Paton, D. C. 2000. Disruption of bird-plant pollination systems in Southern Australia (Perturbação dos sistemas de polinização entre aves e plantas no Sul da Austrália). Conserv. Biol. 14: 1232-1234.

Pfunder, M. & B. A. Roy. 2000. Interacções mediadas por polinizadores entre um fungo patogénico, Uromyces pisi (Pucciniaceae), e a sua planta hospedeira, Euphorbia cyparissias (Euphorbiaceae). Am. J. Bot. 87: 48-55.

Poulin, B., G. Lefebvre & R. McNeil. 1994. Características das guildas alimentares e variação nas dietas de espécies de aves de três sítios tropicais adjacentes. Biotropica 26: 187-197.

Prentice, I. C. 1992. Alterações climáticas e dinâmica da vegetação a longo prazo. Pp. 293-345 In Glen-Lewin, D. C., R. K. Peet & T. T. Veblen (eds.). Plant succession. Theory and prediction. Chapman & Hall. New York.

Proctor, M., P. Yeo & A. Lack. 1996. The natural history of pollination. Timber. Portland, Oregon.

Rathcke, B. J. & E. S. Jules. 1993. Fragmentação do habitat e interacções planta-polinizador. Current Science 65: 273-277.

Ree, R. H. 1997. Pollen flow, fecundity, and the adaptive significance of heterostyly in Palicourea padifolia (Rubiaceae). Biotropica 29: 298-308.

Reid, N., M. Stafford & Z. Yan. 1995. Ecologia e biologia populacional do visco. Pp. 285- 311 In M. D. Lowman & N. M. Nadkarni (eds.). Forest canopies. Academic Press. Academic Press. Nova Iorque.

Renton, K. 2001. Dieta do papagaio-de-cara-roxa e disponibilidade de recursos alimentares: rastreamento de recursos por um predador de sementes de papagaio. Condor 103: 62-69.

Restrepo, C. 1987. Aspectos ecológicos da disseminação de cinco espécies de visco por aves. Humboldtia 1: 65-116.

Rodhes, O. R. & E. P. Odum. 1996. Spatiotemporal approaches in ecology and genetics: the road less travelled. Pp. 1- 7. Em O. R. Rodhes, R. K. Chesser & M.
H. Smith (eds.). Population dynamics in ecological space and time. The University of Chicago Press. Chicago, Illinois.

Roubik, D. W. 2000. Pollination system stability in tropical America. Conserv. Biol. 14: 1235-1236.

Roy, B. A. 1993. Mimetismo floral por um agente patogénico das plantas. Nature 362:56-58.

Roy, B. A. 1994. The use and abuse of pollinators by fungi. Trends Ecol. Evol. 9: 335-339.

Sala, O. E., F. Stuart Chapin III, J. J. Armesto, E. Berlow, J. Bloomfield, R. Dirzo,

E. Huber-Sanwald, L. F. Huenneke, R. B. Jackson, A. Kinzig, R. Leemans, D.

M. Lodge, H. A. Mooney, M. Oesterheld, N. LeRoy Poff, M. T. Sykes, B. H. Walker, M. Walker & D. Wall. 2000. Global biodiversity scenarios for the year 2100. Science 287: 1770-1774.

Sargent, S. 1995. Destino das sementes num visco tropical: a importância do tamanho do ramo hospedeiro. Funct. Ecol. 9: 197-204.

Saunders, D., R. Hobbs & C. Margules. 1991. Biological consequences of ecosystem management: a review. Conserv. Biol. 5: 18-32.

Shaeter, B. E., J. Tufto, S. Engen, K. Jerstad, O. W. Restad & J. E. Skatan. 2000. Population dynamical consequences of climate change for a small temperate songbird. Science 287: 854-856.

Stouffer, P. C. & R. O. Bierregaard. 1995. Efeitos da fragmentação florestal em beija-flores de sub-bosque no Brasil amazónico. Cons. Biol. 9: 1085-1094. Thomas, C. D. & J. J. Lennon. 1999. Birds extend their ranges northwards. Nature 399: 213.

Thompson, J. N. 1994. The coevolutionary process. University of Chicago Press. Chicago.

Thompson, J. N. 1994. The coevolutionary process. University of Chicago Press. Chicago, Illinois.

Thompson, J. N. 1997. Evaluating the dynamics of coevolution among geographically structured populations. Ecology 78: 1619-1623.

Traveset, A., M. F. Willson & C. Sabag. 1998. Effect of nectar-robbing birds on fruit set of Fuchsia magellanica in Tierra del Fuego: a disrupted mutualism. Funct. Ecol. 12: 459-464.

Wheelwright, N. T., W. A. Haber, K. G. Murray & C. Guindon. 1984. Tropical fruit-eating birds and their food plants: a survey of a Costa Rican lower montane forest. Biotropica 16: 173-192.

Wilding, N., N. M. Collins, P. M. Hammond & J. F. Webber. 1989. Insect-fungus interactions. Academic Press. Academic Press. Nova Iorque.

Williams-Linera, G. 1992. Distribuição da hemiepífita Oreopanax capitatus na borda e no interior de uma floresta mexicana de baixa montanha. Selbyana 13: 35-38.

Withgott, J. 1999. Pollination migra para o topo da agenda de conservação. BioScience 49: 857-862.

Printed by Books on Demand GmbH, Norderstedt / Germany